MANUELS-ROR

NOUVEAU MANUEL COMPLET

DU

SERRURIER

Landrin

ATLAS

PARIS

LIBRAIRIE ENCYCLOPÉDIQUE DE RORET,

RUE HAUTEFEUILLE, 12.

1866

BAR-SUR-SEINE. — IMP. SAILLARD.

CLASSEMENT DES GRAVURES

PAR ORDRE ALPHABÉTIQUE

Noms des Objets.	Nos de la planche.	de la figure.	Pages du texte.
Agrafe et panneton de volet....	1	56	438
Aile de mouche..........	3	27	433
Alésoir...............	7	129 et 130	117
Amorce de soudure........	4	18	124
Ancre en S.............	3	34	452
Anneau..............	4	5	433
Archet ou arçon à forer......	1	80	235
Autre...............	7	131	235
Armature d'une cloche de jardin.	4	12	226
Armature d'une pompe.......	4	44	226
Arrêtoir pour volets........	10	351	178
Artichaud ou chardon.......	4	14	74

B

Noms des Objets.	Nos de la planche.	de la figure.	Pages du texte.
Balcon moderne...........	2	4	210
— mosaïque...........	2	5	211
— à arcade...........	2	6	211
— de formes modernes......	2	7	212
— de croisées..........	10	299 à 300	217
—	12	463 à 467	218
Balustrade ornée..........	8	189	414
Balustres............,...	3	47	370
Banc à tirer les châssis.......	8	112-115	418
Baquets..............	1	6	75
Barreau de rampe à l'anglaise...	3	52	375
— de rampe à patte........	3	53	370

4

Noms des Objets.	de la planche.	de la figure.	Pages du texte.
Bascule	10	284	210
— avec bourdonnière	3	71	211
Battements ou buttoirs	4	37 à 37 *ter*.	412
Bédane	1	95	133
— à forer	1	101	133
— ..	8	205	88
Bigorne	1	85	98
Bigorneau	1	53	89
Bois d'ornements divers	11	403-412	410
Borne de fer	4	15	218
Boucle ornée pour porte	4	3	319
Bouton à bascule	2	11	216
— à écrou	2	52	216
— à coulisse	2	56	217
— (Platine de ce bouton)	2	57	218
— double, bec-de-cane	2	51	218
— à tête carrée	3	39	219
— d'assemblage	3	40	219
— d'écartement (Escalier)	3	41	76
Branloire	1	4	76
Brunissoir	1	102	140

C

	de la planche.	de la figure.	Pages du texte.
Cadenas ouvert	1	4	318
Carreau	1	90	120
Casse-fer	1	34	309
Ceinture	8	206	74
— ..	8	207	74
Cercle vu à plat	3	10 *bis*.	219
Chaîne	8	208	221
— en fer plat	8	209	222
— —	8	210	36
Chandelier d'établi	3	14	86
Chapiteau en fonte	8	211 à 214	410
Chardon ou artichaud	3	14	218
Charnière	8	255	220
— à entailler	3	71	220
— à pans	3	74	205
— carrée	3	76	210

Noms des Objets.	Nos de la planche.	de la figure.	Pages du texte.
Chasse-carrée.	1	21	116
— ronde.	1	22	116
— à biseau.	1	23	116
Chasse-pointe.	1	97	116
— roue.	8	215	229
— — en fonte ornée.	8	216 à 218	229
Châssis à tabatière.	8	219	210
— dormants.	8	220	210
— à tabatière en fonte.	8	221	210
— à couverture de cour.	8	222	210
Chenet landier.	4	13	260
Chevêtre double.	3	29	250
— simple.	3	30	250
Cheville à boulon.	3	27	116
Chevillette.	3	28	116
Chien.	3	21	141
Cisaille.	3	33	134
—	7	132-134	134
—	1	62	143
Ciseau froid.	1	37	87
— chaud.	1	38	87
— de menuisier.	8	237	57
— à bois.	1	99 à 100	57
Clavette à tête plate.	3	22	157
Clefs ornées.	10	286	420
— à écrou.	1	71	421
— anglaise.	3	16	422
— jumelle.	5	1-3	440
— d'écrou à griffes.	1	18	423
— bénarde.	5	11	424
— de serrure.	3	54	425
— qu'on va forer.	3	12	26
— tourne-à-gauche.	14	595-608	414
— à goujon.	15	609-617	427
Clou à tête fraisée.	1	60	117
— à tête ronde.	1	61	117
Cloutière à trois trous.	1	47	117
—	1	48	117
— à mains.	1	49	117
— fraisée.	1	57	117

Noms des Objets.	Nos		Pages du texte.
	de la planche.	de la figure.	
Cœur (Poulie en)	3	79	70
Coin	3	70	87
Colonne en fonte	8	223	208
— — accouplée	8	224	208
— — creuse	8	226	208
— (Base de) en fer	8	234, 234 bis, 234 ter.	208
Collier de tourillon	3	21	312
Combles	11	395-402	414
— de l'Ambigu	11	486	415
— de la Bourse	11	487	416
Compas à pointes droites	1	72	135
— d'épaisseur double	1	73	135
— — à deux pointes	1	74	135
— — pour forer	1	75	135
— à calibre	7	135-136	136
Conduit à deux pointes	8	228	127
Conduite à pointe	3	70	138
Congé et masse d'un pivot	3	25	196
Conscience	1	78	150
Cou-de-cygne voisin	3	30	330
Coulisseau	3	72	117
Coupes en fonte	12	472-473	334
Couplet à branches	3	72	196
— à queue d'aronde	3	77	197
Couverture de cadenas	3	5	264
Crampon à scellement	4	31	211
— à pointe	3	69	210
— à patte	3	68	210
Crapaudine à patte	3	63	217
— à pointe	3	64	219
— de la fig. 23	3	24	220
— de la fig. 25	3	26	221
Crémaillère de cheminée	3	45	310
Crémone-espagnolette	11	266, 294	254
Cric	3	26	125
Crochet de gouttières	8	232	211
— plat	3	78	349
— pour tourner	3	29	170
Croisée en fer Jacquemart	16	666, 676	230

Noms des Objets.	Nos de la planche.	Nos de la figure.	Pages du texte.
D			
Détente ou cliquet.	4	19 et 20 bis.	292
E			
Ecrou à tête ronde..	1	106	121
Embase avec lacet.	3	60	142
— d'un barreau.	3	51	142
Embrasure ou crampon à scelle- ment.	4	31	163
Enclume.	1	84	77
Enclume-bigorne..	7	137-139	89
Entrée de serrure.	3	53	221
Equerre..	1	87	139
— double.	2	66	139
— en T.	2	67	139
— à congé.	3	20	161
— à scellement.	3	37	171
— en tôle	8	235	171
— à chapeau.	1	105	139
Espagnolette avec gâche.	3	54	248
Etampe avec ses brides.	1	46	180
Etau d'établi.	1	86	93
— à chaud.	3	13	93
— à mains.	1	68	95
— — de Garban.	7	140-143	97
— d'armurier..	7	144, 144 bis.	98
— à genoux.	7	145-154	101
— —	14	590-594	105
Etrier.	3	28	210
— à boulons.	8	236	210
F			
Fausse équerre ou sauterelle. . .	1	28	139
Fer creux Gaudillot.	7	116-128	47
Ferrement d'un pilotis..	10	288	143

Noms des Objets.	Nos de la planche.	Nos de la figure.	Pages du texte.
Feuilles de ressort.	2	1, 1, 1, 2	440
Fiche à brisure.	2	73	205
— à bouton.	2	75	209
— à chapelet.	3	15	209
— de porte cochère	3	19	210
Fiche à vase.	2	10	312
Fileter les vis.	15	621–629	115
Filière.	1	81	114
— à main et son taraud. . . .	1	83	114
— double.	7	156–158	113
— —	7	159–160	113
— simple.	7	161–164	114
Fléau sur platine.	2	13	227
Foliot.	9	243	330
Foncet	9	242	305
— de la pl. 3. fig. 1.	2	53	307
Forer (Machine à) à l'étau. . . : :	1	79	90
— . . . . : :	1	52	90
— (Perçoir à).	15	692–693	158
— (Machine à).	4	43	90
Foret à archet.	1	77	150
Forge double.	1	1	70
— profil.	1	2	74
— à air chaud.	8	193–204	80
Fraise ronde à chaud.	1	58	97
— méplate à chaud.	1	59	98
Frise.	10	289-290	436

G

Gâche encloisonnée.	2	45	212
— à patte.	8	227	212
Gland pour escalier.	10	350	112
Goupillon.	7	165	86
—	1	8	86
Griffe.	1	16	89
—	1	35	40
Grilles et rampes.	3	44 et suiv.	212
— modernes.	4	48	214
— des Tuileries.	4	2	214

Noms des Objets.	Nᵒˢ de la planche.	de la figure.	Pages du texte.
Grilles de cour et de jardin.. ...	4	49 et 49 *bis*.	210
— du pourtour de la statue d'Henri IV..	4	50	212
— de portes d'allées.	10	291-292	214
— —	10	293-298	214
— (Lances de) ornées..	12	468-469	214

H

Hache.	4	34	142
Harpon à scellement coudé. . . .	3	36	209
— à patte.	3	35	209
— à scellement droit..	3	31	209
— à scie..	4	32	209
Hart.	4	39	141
Herminette ou doloire.	4	35	310
Heurtoir de porte.	4	4	226

J

Jalousies, stores et volets.	16	642 à 659	243

L

Langue-de-carpe.	1	94	58
Lime ronde.	1	91	125
— bâtarde	1	92	125
— à refendre..	1	93	125
Lits de fer	12	500-502	435
— (Percer).	15	618-620	153
Loquet et sa bascule.	3	2 et 2 *bis*.	398
— à la cordelière.	4	25	399
Loqueteau..	10	301-302	398
—	3	3	398
— coudé.	2	58	398

M

Mandrin rond..	1	42	188
— ovale..	1	43	188

Noms des Objets.	Nos de la planche.	Nos de la figure.	Page du texte.
Mandrin carré.	1	44	138
— plat	1	48	138
Marmousets.	10	307, 308	115
Marteau à devant.	1	24	82
— à pleine croix.	1	25	82
— à traverse.	1	26	82
— à main.	1	27	82
— à bigorne.	1	28	82
— d'étampe.	1	29	82
— à étampe à arrondir.	1	29	82
— rivoir.	1	30	82
— à tête ronde.	1	31	82
— de porte.	4	7, 8 et 8 *bis.*	82
— à frapper devant.	7	166	82
— de porte cochère	7	191, 191 *bis.*	82
— à deux têtes.	10	309	82
Mèches.	1	96	163
— de menuisier.	10	310	91
Mentonnet double pointe.	2	12	166
— à patte.	2	50	165
—	10	303-304	160
Merlin	10	311	89
Mordache en cuivre.	1	66	95
— à prisonnier.	1	69	95
— en plomb.	1	70	95
Mouffle à mentonnet.	3	42	165
— à agrafe.	3	43 et 43 *bis.*	165
Mouvement de tirage de sonnette.	3	65	425
— —	3	66	425

N

Niveau.	10	312	140

P

Panneton tourmenté.	2	14	279
— entaillé.	2	15	279
— pour un rouet.	2	16	279
— pour id. et bouterolle.	2	17	280

Noms des Objets.	N^{os} de la planche.	de la figure.	Pages du texte.
Panneton pour id. à faucillon en dehors.	2	18	279
— pour id. à faucillon en dedans.	2	19	264
— pour id. foncé.	2	20	264
— pour une pleine croix. . .	2	21	264
— pour une croix de Lorraine.	2	22	264
— pour 1 rouet à bâton rompu.	2	23	266
— pour croix renversée en dedans.	2	24	267
— pour croix renversée en dehors.	2	25	267
— hasture en dehors.	2	26	267
— rouet à fond de cuve. . . .	2	27	268
— — en N.	2	28	269
— — en H.	2	29	270
— — en Y.	2	30	270
— — en S.	2	31	270
— — en fût.	2	32	270
— — — à queue d'aronde.	2	33	271
— pour une planche.	2	34	271
— — avec pertuis au bout.	2	35	271
— — — au milieu. . . .	2	36	272
— — — et foncet, etc. .	2	37	272
— avec hayve.	2	38	284
— avec museau entaillé. . . .	2	39	284
— avec gardes compliquées. .	2	40	284
— avec deux rouets renversés.	2	41	284
— pour une serrure bénarde.	2	42	290
— pour une serrure de sûreté.	2	43	290
Patte à pointe, patte-fiche.	4	11 et 11 *bis.*	315
Peigne à vis.	4	10 et 10 *bis.*	138
Pelle.	10	313-314	95
Pène de serrure.	10	325	272
— du demi-tour.	8	244	273
Penture à collet.	2	18	320
—	10	315	318
Perçoir.	1	32	320
— à foret.	15	690-691	320
Persiennes (Mécanisme pour). . .	11	413-429	234

Noms des Objets.	Nos de la planche.	de la figure.	Pages du texte.
Persiennes.	15	630-641	234
— à lattes mobiles.	3	61	234
— —	3	62	236
— bascule (Détails).	3	63	237
— à poignée.	3	64	237
—	10	285	237
Pilastre en fonte pour escalier. .	10	343-344	436
— —	10	348-349	436
— —	10	316-318	224
— en fer.	3	49	224
Pilotis.	10	288	226
Pinces à forger.	7	167	85
— coupantes.	1	54	85
— à bec-corbin.	1	63	85
— plates.	1	55	85
Piton à pointes à vis.	10	319	140
Pivot à équerre.	2	61	175
— à congé.	2	23	175
Planches.	11	489	208
Plaques de tirage des sonnettes. .	10	356	208
Plate-bande à talon.	2	38	208
Poignée de porte.	10	320-322	226
—	3	55	226
— évidée à la grecque. . . .	3	57	226
—	3	59	226
— tournante.	2	59	226
— à patte.	2	60	226
Poinçon rond.	1	39	90
— carré.	1	40	90
— plat	1	41	90
— creux méplat.	1	50	90
— — rond.	1	55	90
— rond.	1	19	90
Pointeau.	1	36	96
Pommelle en S.	2	62	228
— double.	3	16	228
— à queue d'aronde.	3	17	228
Pont en fer anglais.	12	490	436
— coupe.	12	491	436
— de Cubsac.	12	492	436

Noms des Objets.	N^{os} de la planche.	de la figure.	Pages du texte.
Porte (Grande)............	8	190	226
Pose des sonnettes	3	65 et 109	314
Potence pour lanternes......	8	231	209
— en fer.............	8	229-230	209
— de réverbère........	4	6	427
— de la machine à forer.. ...	3	6	90
Poulie de puits..........	4	36	436
Profil d'un arc-boutant de grille.	4	24	216
— divers, baguette, etc. ...	12	430-449 à 462	436

R

Rail-way..............	12	497-499	193
Rampe à l'anglaise........	3	48	226
— à barreaux droits......	3	46	223
— (Balustre de cette rampe)..	3	47	224
— de Saint-Roch........	4	1	212
—	6	100-101	224
— d'escalier..........	10	223-224	219
Réchaud.............	10	226-231	325
Ressort à refermer les portes. ...	6	70-71	425
— en spirale..........	10	357	318
— de renvoi pour sonnettes.	3	68	405
— à boudin..........	3	67	211
Rosaces à jour..........	10	341-346	446
Rosette carrée...........	2	49	425

S

Sauterelle ou équerre.......	1	88	310
Semelle..............	8	125	55
Sergent..............	4	22	170
Serrure bec-de-cane	2	44	275
— à tour et demi.......	3	1	275
— circulaire Jappy......	4	40, 41, 42 A B C D	279
— compliquée.........	4	46, 47	277
— dimocline..........	5	4	283
— à balancier.........	5	5-6	285
— dicinimique........	5	7-8	288
— — perfectionnée. ..	5	9-10	290

Noms des Objets.	N°s de la planche.	de la figure.	Pages du texte.
Serrure de Mireau	5	12-28	292
— de Huet, sûreté	5	29-34	295
— à neuf pènes	5	183-188	366
— de Scubb	5	192	290
— de Grangoir	6	49-57	303
— à garniture mobile	6	60-64	226
— à détecteur Chubb	6	65-69	226
— de Pierson	6	72-91	323
— d'Audley	6	92-97	325
— de Richard Hill	6	98-100	340
— de Thomas Paisant	6	107-111	342
— anglaises	7	112-115	275
— à pompe	7	170-182	274
— tour et demi	9	238 à 242	277
— demi-tour, bec-de-cane	9	271 à 283	275
— (Détails divers)	9	244 à 266	278
— pour coffres-forts	13	503-508	342
— perfectionnées	13	509-537	346
— à soupape	13	538-557	347
— Chubb	13	564-567	327
— Smith	14	568-574	348
— à combinaison	14	575-584	313
— Navech	14	585-589	353
— incrochetable	16	660-665	358
— à combinaison Fishet	16	677-689	389
Servante	1	7	89
Sonnettes	3	69	409
— acoustique (Cornet)	13	558-563	409
Soufflet	1	3	76
Sphère pour escalier	10	347	436
Store (Mécanisme de)	9	267-269	242
Support évidé	3	58	277

T

Noms des Objets.	N°s de la planche.	de la figure.	Pages du texte.
Taraud	7	168	108
— de la fig. 81	1	104	108
— -mère	7	169	109
Targette et son crampon	2	46	325
Tas (petit)	1	64	140

Noms des Objets.	Nos de la planche.	de la figure.	Pages du texte.
Tasseaux, crochets, etc.	10	305-306	125
Tenailles droites	1	11	84
— à boulon	1	12	84
— à crochet	1	13	84
— à fer carré	1	14	84
— goulues	1	15	84
— tricoise	1	56	84
— à vis en bois	1	67	84
— à chanfrein	1	68	117
Tiers-point	1	89	56
Tige de la machine à forer	3	7	90
Tirant à scellement	3	32	209
— à patte	3	33	209
Tire-fond	4	38	105
—	10	335	105
Tisonnier croche	1	9	110
— droit	1	10	110
Tourne-à-gauche	1	17	138
—	1	82	138
Tourne-vis emmanché	1	98	138
Tourniquet double (sonnette)	3	73	77
— simple (id.)	3	74	80
Tranche	1	20	66
Tranchet	1	33	67
Traverse à trous renflés ronds	3	44	190
— — en losange	3	45	190
Treillage en fer et fonte	12	488	230
Trémie étrier	10	354	139
Trépan	1	76	141
—	3	11	141
Trusquin	4	9	110
Tuyau en fonte	8	233	230
— de descente d'eau	10	336-339	230
Tuyère	1	5	76

V

Valet	3	23	141
Verrou à ressort	2	47	292
— à tourillon	2	48	295

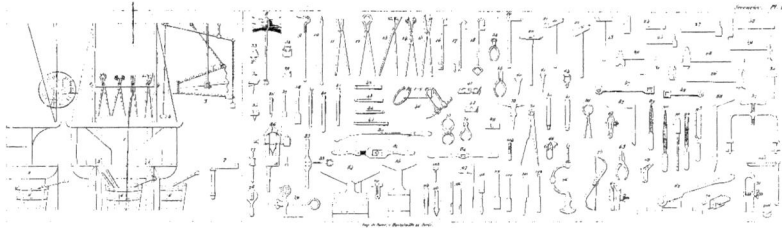

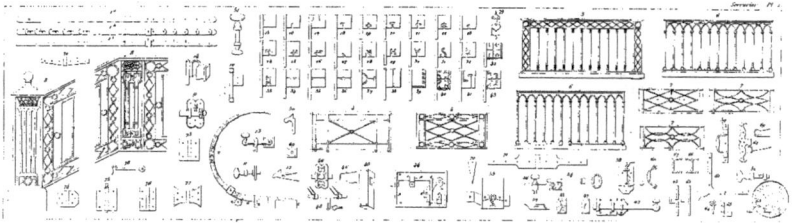

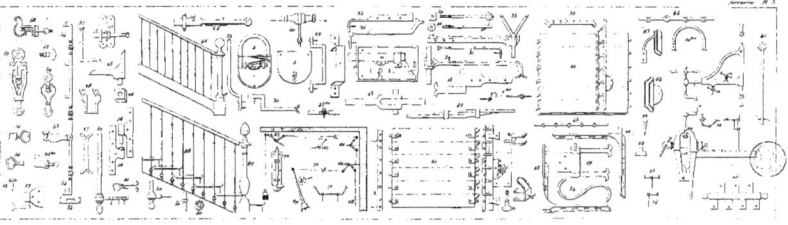

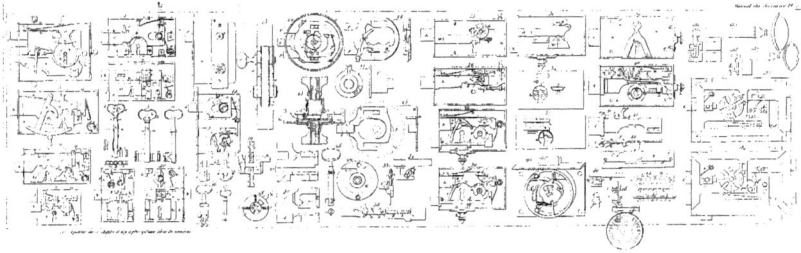

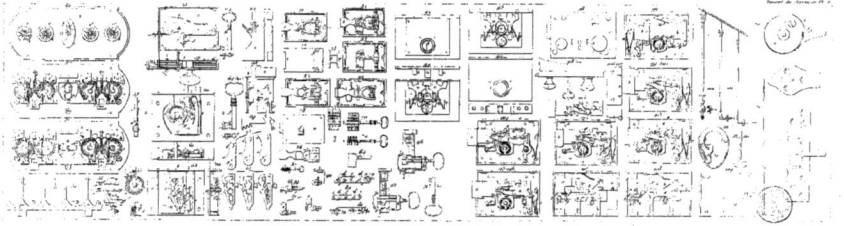

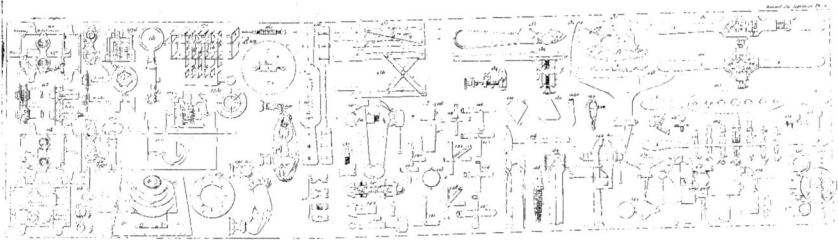

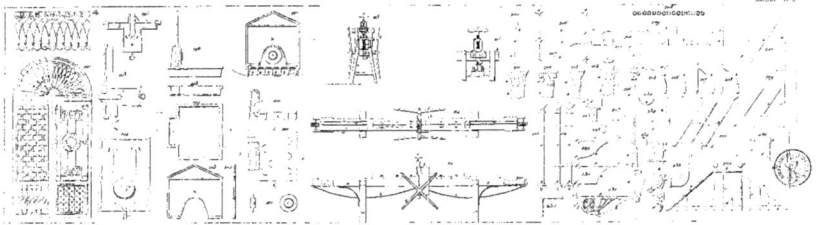

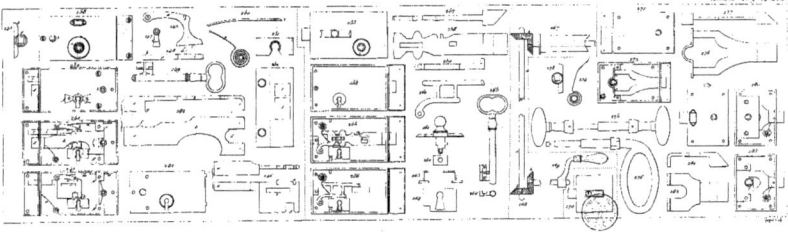

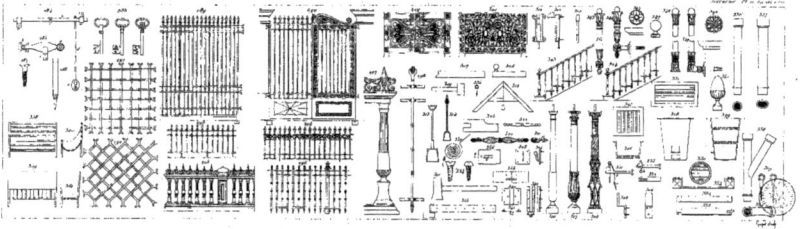

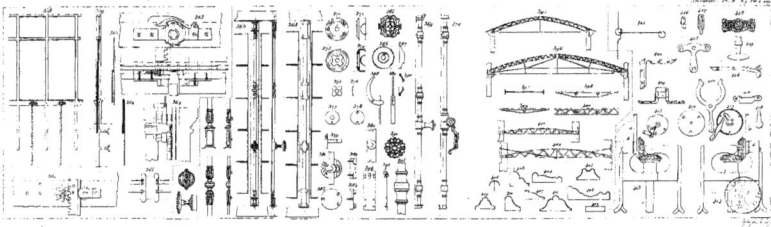

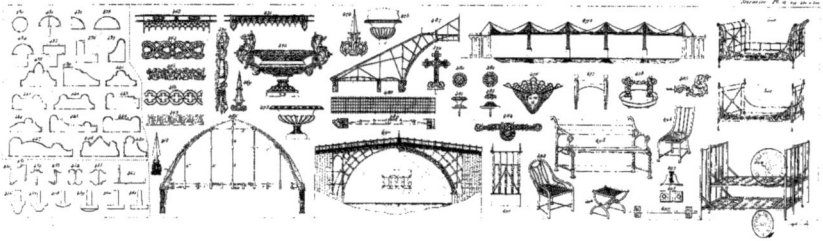

Serrurier. Pl. 13

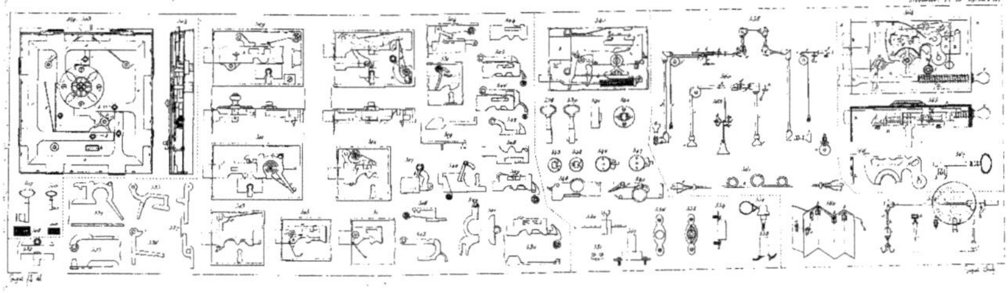

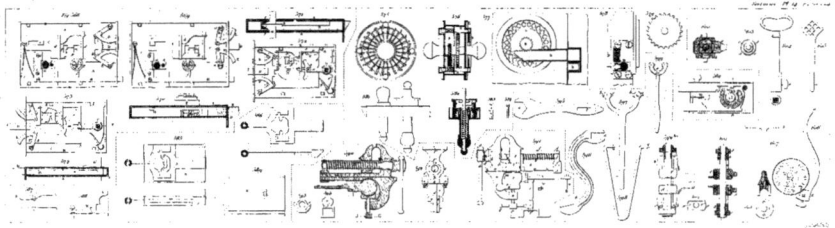

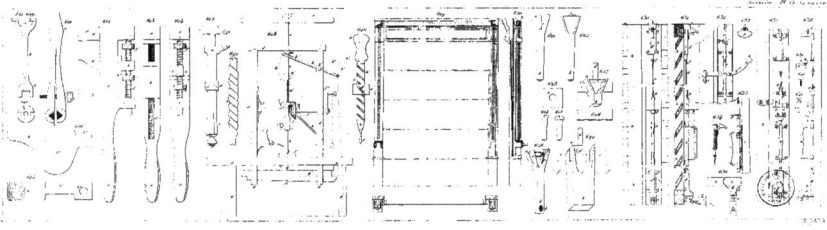

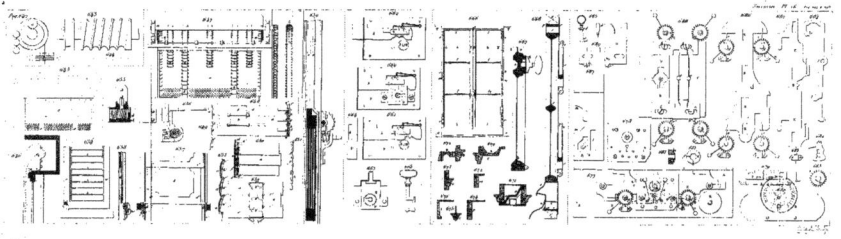

www.ingramcontent.com/pod-product-compliance
Lightning Source LLC
Chambersburg PA
CBHW070803210326

41520CB00016B/4805